BEI GRIN MACHT SICH IHR WISSEN BEZAHLT

- Wir veröffentlichen Ihre Hausarbeit, Bachelor- und Masterarbeit

- Ihr eigenes eBook und Buch - weltweit in allen wichtigen Shops

- Verdienen Sie an jedem Verkauf

Jetzt bei www.GRIN.com hochladen und kostenlos publizieren

Siyuan Chen

Das Drei-Körper-Problem der Himmelsmechanik

Bibliografische Information der Deutschen Nationalbibliothek:

Die Deutsche Bibliothek verzeichnet diese Publikation in der Deutschen National-
bibliografie; detaillierte bibliografische Daten sind im Internet über http://dnb.d-
nb.de/ abrufbar.

Impressum:

Copyright © 2011 GRIN Verlag GmbH
Druck und Bindung: Books on Demand GmbH, Norderstedt Germany
ISBN: 978-3-640-82300-0

Dieses Buch bei GRIN:

http://www.grin.com/de/e-book/166233/das-drei-koerper-problem-der-himmelsme-
chanik

SIGMUND-SCHUCKERT-GYMNASIUM NÜRNBERG

FACHARBEIT

Thema: Das Drei-Körper-Problem der Himmelsmechanik

Name: Siyuan Chen
Jahrgang: 2009/11
Leistungskursfach: Physik

Inhaltsangabe

1. Einführung

Das Drei-Körper-Problem tauchte zum 1. Mal Ende des 18. Jahrhunderts auf und genießt seitdem ungebrochenes Interesse von Generationen von Mathematikern und Physikern. Schon I. Newton warf dieses Problem mit seinem Gravitationsgesetz auf: *Wie bewegen sich drei Körper nur durch den Einfluss ihrer gegenseitigen Gravitation?* Da dieses Problem streng mathematisch nicht lösbar ist, versuchte Euler und Lagrange es durch Einschränkungen zu lösen. L. Euler erkannte bereits 1772 die Komplexität und die Unlösbarkeit dieses Problems und versuchte es durch bestimmte Annahmen zu vereinfachen und lösbar zu machen. Er betrachtete das sogenannte eingeschränkte Drei-Körper-Problem (problème restreint): *Wie bewegen sich drei Körper nur durch den Einfluss ihrer gegenseitigen Gravitation, wenn der dritte Körper wesentlich leichter ist als die anderen zwei und somit die Bewegung der beiden schweren Körper nur „stört"?* Weitere Spezialfälle, die exakt lösbar sind hatte J.-L. Lagrange erforscht. Der bekannteste Fall sind die Lagrange- oder Liberationspunkte.

Trotz der Bemühungen bekannter Forscher wie Newton, Euler und Lagrange konnte dieses Problem bisher nicht mathematisch sauber und korrekt gelöst werden. Schließlich gelang es einen Herren namens H. Poincaré 1898 in seinen Werk *„Les méthodes nouvelles de la mécanique céleste"*[1] zu zeigen, dass es außer den 10 bekannten Bewegungsintegrale keine weiteren gibt, so dass es nicht möglich ist, die zur analytischen Lösung der Bewegungsgleichungen nötigen 16 Integrale herauszufinden. Deshalb konzentrierten sich seitdem die nachfolgenden Wissenschaftler auf Annäherungsmethoden.

Als ein wichtiges Hilfsmittel entstand Anfang des 20. Jahrhunderts die astronomische Störungsrechnung. Man fokussiert sich auf den eingeschränkten Fall des Drei-Körper-Problems und verbesserte bereits vorhandene Näherungsverfahren wie dem Euler-Verfahren zu moderneren Algorithmen, mit deren und der Hilfe moderner Leistungscomputer ist es heutzutage möglich numerisch-iterativ beliebig exakt die Bahnen von Himmelskörpern auszurechnen.

Obwohl es viele Versuche gab eine mathematisch einwandfreie Lösung zu finden, müssen wir uns wohl oder übel mit einem Näherungsverfahren anfreunden. Im folgenden soll genauer auf das Problem eingegangen werden.

---

[1] Henri Poincaré: Les méthodes nouvelles de la mécanique céleste, Paris 1892/93

2. Darstellung des allgemeinen n-Körper-Problems

Das Drei-Körper-Problem ist ein Spezialfall des allgemeinen n-Körper-Problems der Himmelsmechanik. Das allgemeine Problem der klassisch-theoretischen Mechanik heißt: *Wie bewegen sich n Körper im gegenseitigen Gravitationsfeld?*

$$m_i \ddot{r}_j = G \sum_{i=0,\, j=1}^{n} \frac{m_i m_j (r_j - r_i)}{\left| r_j - r_i \right|^3} \quad \text{Mit } i \neq j;\ i,\, j \text{ aus N}$$

Für n=1 ergibt sich das sogenannte Ein-Körper-Problem.

Nach dem Trägheitssatz Newtons bewegt sich ein Körper ohne äußere Krafteinflüsse entweder mit gleichbleibender Geschwindigkeit und Richtung oder er ist in Ruhe.

Für n=2 das Zwei-Körper-Problem und n=3 das Drei-Körper-Problem; diese werden im folgenden noch näher beschrieben.

2.1. Grundlagen

a) Inertialsystem:[2]

Es existiert ein solches Bezugssystem, in dem sich ein völlig sich selbst überlassener („kräftefreier") Körper im Zustand der Ruhe oder der gleichförmig geradlinigen Bewegung befindet. Ein solches System wird Inertialsystem genannt, und die weiteren Gesetze der Mechanik wurden auf dieses bezogen.

D.h. ein Inertialsystem ist ein System, in dem die Gesetze der klassischen Mechanik (nach Newton) gelten.

b) konservatives Feld:[2]

Ein konservatives Feld ist ein rein ortsabhängiges (zeitlich konstantes) Kraftfeld F=F(r), das sich als negativer Gradient einer eindeutigen Skalarfunktion V=V(r)=V(x,y,z) der potentiellen Energie darstellen lässt.

In einem konservativen Kraftfeld ist die längs irgendeiner geschlossenen Kurve zwischen den Punkten P_1 und P_2 geleistete Arbeit W=0. Bei einer offenen Kurve mit hängt sie nur von der Lage des Anfangs- und Endpunktes ab, ist somit vom Weg unabhängig und gleich der Differenz der potentiellen Energie im Anfangs- und Endpunkt:

---

[2] Andreas Wipf: Theoretische Mechanik Vorlesungsskript, Jena 2002/03

$$W = \int\limits_1^2 F\,dr = -\int\limits_1^2 \left(grad V\,dr \right) = -\int\limits_1^2 dV = V_1 - V_2$$

c) Zentralkraftfeld:[2)

Es gilt für die felderzeugende Kraft: $F = F(r\,;\dot{r}\,;t)$

d) Bewegung im Gravitationsfeld (Planetenbewegung):[3)

1. Newtons Gravitationsgesetz/allgemeines Massenanziehungsgesetz: $\quad F = -G\dfrac{Mm}{r^2}$

2. spezielle Form für 3 dimensionale Räume:

$$F = -G\frac{m_1 m_2}{x^2 + y^2 + z^2} \cdot \frac{\sqrt{(x_1 - x_2)^2 + (y_1 - y_2)^2 + (z_1 - z_2)^2}}{\sqrt{x^2 + y^2 + z^2}}$$

Die Masse m hat im Gravitationsfeld der Masse M die potentielle Energie V = – GMm/r

für V = 0 und r = ∞ gilt: $\quad -\dfrac{0{,}5\,\alpha}{r^2}\,\dfrac{2x}{\sqrt{x^2 + y^2 + z^2}} = -\dfrac{\alpha\,x}{r^3} = X$ mit α = GMm; analog für Y, Z

e) Keplersche Gesetze:[3)

1. Keplersches Gesetz:

Die Bewegungen im Weltall werden durch Kegelschnitte mit der Zentralmasse in einem der beiden Brennpunkte beschrieben. Je nach dem ob die numerische Exzentrizität ε kleiner als 1, gleich 1 oder größer als 1 ist, können Ellipsen, Parabeln oder Hyperbeln entstehen. In unserem Sonnensystem gilt ε<1, deshalb sind die Planetenbahnen Ellipsen, in deren einem Brennpunkt die Sonne steht.

2. Keplersches Gesetz:

Flächensatz: $\quad r^2 \dot{\varphi} = h = const.$

Der von der Sonne nach einem Planeten gezogene Ortsvektor überstreicht in gleichen Zeiten gleiche Flächen.

[3) Hildegard Hammer, Karl Hammer: Physikalische Formeln und Tabellen, München 2007

Aus dem Flächensatz $r^2 \dot{\varphi} = h = const.$ folgt mit $r = r(\varphi)$

die dem Winkel entsprechende Zeit $t = \dfrac{1}{h} \int\limits_{\varphi_0}^{\varphi} r^2 \, d\varphi = t(\varphi)$.

Die Umkehrfunktion liefert $\varphi = \varphi(t)$ und mit $r = r(\varphi) = r(\varphi(t))$

auch r als von der Zeit abhängige Funktion

$$\rightarrow Ellipse\,(\text{keine unendlich entfernten Punkten}): \text{Flächensatz}: \dot{f} = \frac{1}{2} r^2 \dot{\varphi} = \frac{h}{2}$$

$$\int\limits_0^T f = \pi\,ab = \frac{hT}{2} \leftrightarrow T = \frac{2\pi ab}{h},\ \epsilon = \frac{e}{a} = \frac{\sqrt{a^2 - b^2}}{a},\ p = \frac{b^2}{a},\ b = \sqrt{pa} = \sqrt{\frac{h^2 a}{GM}},$$

$$T = \frac{2\pi a}{h}\sqrt{\frac{h^2 a}{GM}} \leftrightarrow \frac{T^2}{a^3} = \frac{4\pi^2}{GM}$$

3. Keplersches Gesetz:[3]

Da $4\pi^2/GM = $ konstant für alle Planeten des Sonnensystems gilt für zwei Planeten:

$$\frac{T_1^2}{a_1^3} = \frac{T_2^2}{a_2^3}\ oder\ \frac{T_1^2}{T_2^2} = \frac{a_1^3}{a_2^3}$$

Die Quadrate der Umlaufzeiten zweier Planeten verhalten sich wie die dritten Potenzen der großen Halbachsen ihrer Bahnellipsen.

f) Bahnelemente:[4]; [b]

Die Bahnelemente werden in der Astronomie zur Beschreibung einer Keplerschen Ellipse benutzt. Es gibt insgesamt 10 verschiedene Bahnelemente, von denen einige zusammenhängen, so dass zur exakten Bahnbeschreibung lediglich 6 Bahnelemente gebraucht werden. Die gängigsten sind:

a: große Halbachse

e: lineare Exzentrizität

i: Inklination

Ω: Länge des aufsteigenden Knotens

ω: Länge des Perihels von Ω, T: Periheldurchgang

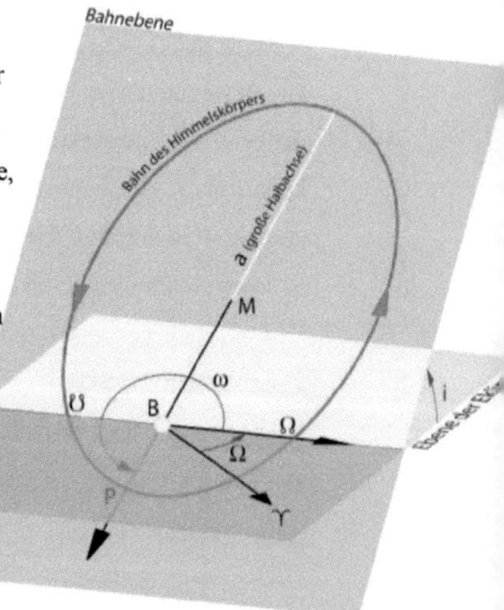

---

[4]; [b] Wilhelm Kley : Computational Astrophysics, Tübingen 2009

2.2. Die 10 Bewegungsintegrale[2]

Bewegungsintegrale sind Integralgleichungen zur Lösung von theoretisch-mechanischen Problemen. Auf das n-Körper-Problem angewendet, ergeben die Erhaltungssätze der Mechanik insgesamt 10 Bewegungsintegrale.

0. Nomenklatur:[c]

i, j, k aus N

r_0: Radiusvektor des Massenschwerpunktes; S: Massenschwerpunkt

r_i: Radiusvektor des i-ten Körpers; x, y, z: karthesische Koordinaten des Körpers

∂: partielle Differentiation

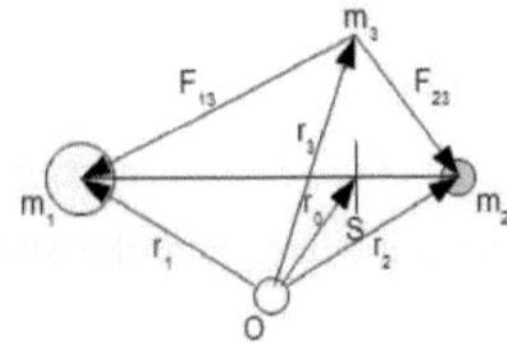

1. Impulserhaltungssatz:

a) Es gelten:

$m_i \ddot{r}_i = F_{ig}$ mit $F_{ig} = F_i + \sum_{k=1}^{n} F_{ik}$ Bewegungsgleichung (2. Axiom/Inertialsystem)

$$m_i \ddot{r}_i = F_i + \sum_{k=1}^{n} F_{ik} \quad \text{(Newtonsche Bahngleichungen)}$$

$F_{ik} = -F_{ki}$ (Reaktionsprinzip)

Addition der n Bahngleichungen:

$$\sum_{i=1}^{n} m_i \ddot{r}_i = \sum_{i=1}^{n} F_i + \sum_{i=1}^{n} \sum_{k=1}^{n} F_{ik}$$

Doppelsumme = 0, nach dem 3. Axiom (Reaktionsprinzip) gilt z.B. $F_{12} + F_{21} = 0$

$$\sum m_i \ddot{r}_i = \frac{d}{dt} \sum m_i \dot{r}_i = \frac{d}{dt} \sum m_i v_i = \frac{d}{dt} \sum m_i v_i = \frac{d}{dt} \sum p_i = \dot{p}$$

$\rightarrow$ Impulserhaltungssatz: $\frac{d}{dt} \sum p_i = \sum F_i$ oder $\dot{p} = F$

die zeitliche Ableitung des Gesamtimpulses des Systems ist gleich der resultierenden Kraft der auf das System wirkenden äußeren Kräfte.

---

[2] Andreas Wipf: Theoretische Mechanik Vorlesungsskript, Jena 2002/03

[c] eigene Zeichnung mit OpenOffice Draw

b) Massenmittelpunkt:

Der Massenmittelpunkt hat den Radiusvektor $r_0 = \dfrac{\sum m_i r_i}{\sum m_i}$

$$\sum_{i=1}^{n} m_i \ddot{r}_i = m \ddot{r}_0 = \sum F_i = F_0$$

$\rightarrow$ Massenmittelpunktssatz: Der Massenmittelpunkt des Punktsystems bewegt sich so als ob in ihm die Gesamtmasse des Systems konzentriert wäre und als ob auf ihn die resultierende aller äußeren Kräfte wirkte.

Für F=0 gilt: Es greifen entweder keine äußeren Kräfte am System an oder die Resultierende ist gleich 0, dann ist der Gesamtimpuls des Systems konstant, d.h. der Massenschwerpunkt bewegt sich nach dem Trägheitsgesetz (geradlinig unbeschleunigt oder in der Ruhe). Bei einem abgeschlossenen System (also F=0, dr_0/dt=konst.) bedeutet der Impulserhaltungssatz 3 Integrationsgleichungen mit 6 Integrationskonstanten. Aus $\sum m_i \ddot{r}_i = 0$ folgt z.B. in rechtwinkligen Koordinaten:

- $\sum m_i {}^* x_i = a_1 t + b_1$
- $\sum m_i {}^* y_i = a_2 t + b_2$
- $\sum m_i {}^* z_i = a_3 t + b_3$

c) Konstruktion des Schwerpunktes:

Der Schwerpunkt zweier Massen m_1 und m_2 teilt die Entfernung der Punkte im umgekehrten Verhältnis zu den Massen in zwei Teile (S liegt näher zur größeren Masse):

$$(m_1 + m_2) r_0 = m_1 r_1 + m_2 r_2 \leftrightarrow m_1 (r_0 - r_1) = m_2 (r_2 - r_0) \leftrightarrow \frac{|r_0 - r_1|}{|r_2 - r_0|} = \frac{s_1}{s_2} = \frac{m_2}{m_1}$$

Bei drei Massen konstruiert man zuerst den Schwerpunkt S_{12} zwei der drei Körper und konstruiert dann den Schwerpunkt zwischen S_{12} und m_3, bei n Massenpunkten verfährt man analog.

Der Schwerpunkt hängt vom Koordinatenursprung ab, sondern allein von der gegenseitigen Anordnung der Massen des Systems.

2. Drehimpulserhaltungssatz:

a) vektorielle Multiplikation von $m_i \ddot{r}_i = F_{ig}$ mit r_i:

$$\sum_{i=1}^{n} m_i (r_i \times \ddot{r}_i) = \sum_{i=1}^{n} r_i \times F_i + \sum_{i=1}^{n} \sum_{k=1}^{n} r_i \times F_{ik}$$

$$mit\ \frac{d}{dt}\sum m_i(r_i\ X\ \dot r_i)=\sum m_i(\dot r_i\ X\ \dot r_i)+\sum m_i(r_i\ X\ \ddot r_i)=\sum m_i(r_i\ X\ \ddot r_i),\ da\sum mi(\dot r_i\ X\ \dot r_i)=0$$

(nach der Deutung der Vektorproduktes)

$R=\sum L_i=\sum m_i(r_i\ X\ \dot r_i)$ heißt gesamter Drehimpuls oder Gesamtdrall des Systems

$R_i=m_i(r_i\ X\ \dot r_i)$ heißt das auf den Anfangspunkt O bezogene Impulsmoment oder

Drehimpuls oder Drall des i-ten Massenpunktes

analog gilt: $M=\sum M_i=\sum r_i\ X\ F_i$ heißt Resultierende der (Dreh-)Momente der

äußeren Kräfte

$$M=r\ X\ F=\frac{d}{dt}m(r\ X\ \dot r)=mr\ X\ \ddot r\rightarrow \dot R=M$$

Die zeitliche Ableitung des Drehimpulses ist gleich dem Drehmoment.

$$\sum_{i=1}^{n}\sum_{k=1}^{n} r_i\ X\ F_{ik}\ \text{ist das Gesamtmoment der inneren Kräfte.}$$

nach dem dritten Axiom gilt: $r_i\ X\ F_{ik}+r_i\ X\ F_{ki}=r_i\ X\ F_{ik}-r_i\ X\ F_{ik}=r_i-r_k\ X\ F_{ik}=0$,

wenn der Vektor F_{ik} parallel dem Vektor r_i-r_k ist, d.h. wenn die zwischen zwei

Massenpunkten wirkenden inneren Kräfte in die Richtung der die Massenpunkte

verbindende Geraden zeigt, also Zentralkräften sind.

$\rightarrow$ Drehimpulserhaltungssatz: $\dfrac{d}{dt}\sum\limits_{i=0}^{n} mi(r_i\ X\ \dot r_i)=\sum\limits_{i=0}^{n} r_i\ X\ F_i\leftrightarrow \dot R=M$

die zeitliche Ableitung des gesamten Drehimpulses des Systems ist gleich dem

resultierenden Moment der äußeren Kräfte.

Wenn M=0, dann gilt $R=\sum m_i(r_i\ X\ \dot r_i)=const.$

Wirken auf das System keine äußeren Kräfte, also in einem abgeschlossenen System,

oder ist die Resultierende der Momente gleich 0, dann bleibt der gesamte Drehimpuls

des Systems konstant.

b) Rolle des Bezugspunktes:

der Drehimpuls hängt im Allgemeinen von der Wahl des Bezugspunktes ab.

O und O' sind verschiedene Bezugspunkte, dann gilt Vektor(OO') = s= konst.

Dann gilt für r_i und r_i': $r_i'=r_i-s$ und $dr_i/dt=dr_i'/dt$

Es folgt:

$$R'=\sum m_i(r_i'\ X\ \dot r_i')=\sum m_i[(r_i-s)\ X\ \dot r_i]=\sum m_i(r_i\ X\ \dot r_i)-(s\ X\sum m_i\dot r_i)=R-m(s\ X\ \dot r_0)$$
$$(mr_0=\sum m_i r_i,\ \dot r_0=0)\rightarrow R'=R$$

Der Drehimpuls ist von der Wahl des Bezugspunktes dann unabhängig, wenn der Schwerpunkt des Systems ruht oder wenn man den bewegten Schwerpunkt des Systems als Bezugspunkt nimmt. Beweis:

$$\sum m_i(r_i \times \dot{r}_i) = \sum r_i \times F_i, \; r_i = r_0 + r_i' \; und \; \ddot{r}_i = \ddot{r}_0 + \ddot{r}_i'$$

$$da \; ferner \; S = \frac{1}{m} \sum m_i r_i' = 0 \; folgt \sum m_i r_i' = 0 \; und \sum m_i \ddot{r}_i' = 0$$

$$\sum m_i(r_i \times \dot{r}_i) = \sum r_i \times F_i \leftrightarrow \sum m_i[(r_0 + r_i') \times (\ddot{r}_0 + \ddot{r}_i')] = \sum [(r_0 + r_i') \times F_i]$$

$$\leftrightarrow (r_0 \times \ddot{r}_0) \sum m_i + (r_0 \times \sum m_i \ddot{r}_i') + (\sum m_i \dot{r}_i' \times \ddot{r}_i')$$

$$+ \sum m_i(r_i' \times \ddot{r}_i') = (r_0 \times \sum F_i) + \sum \dot{r}_i' \times F_i$$

$$(r_0 \times \ddot{r}_0) \sum m_i = r_0 \times \sum F_i \; wegen \; Schwerpunktsatz \; (\ddot{r}_0 \sum m_i = \sum F_i)$$

$$r_0 \times \sum m_i \ddot{r}_i' = \sum m_i \dot{r}_i' \times \ddot{r}_0 = 0, \; wegen \sum m_i r_i' = 0$$

$$und \sum m_i \ddot{r}_i' = 0 \rightarrow \sum m_i(r_i' \times \ddot{r}_i') = \sum \dot{r}_i' \times F_i$$

3. Energieerhaltungssatz:

a) kinetische Energie:

$$skalare \; Multiplikation \; von \; m \, \ddot{r}_i = F_{ig} = F_i + \sum F_{ik} \; mit \; \dot{r}_i$$

$$Addition: \sum m_i \dot{r}_i \ddot{r}_i = \sum F_{ig} \dot{r}_i$$

$$\leftrightarrow \frac{d}{dt} \sum \frac{1}{2} m_i \dot{r}_i^2 = \frac{1}{dt} \sum F_{ig} d_{ri} \leftrightarrow \frac{dT}{dt} = \frac{d'A}{dt}$$

$$mit \; T = \frac{1}{2} \sum m_i \dot{r}_i^2 = \frac{1}{2} \sum m_i v_i^2 \; \text{die gesamte kinetische Energie des Systems}$$

$$und \; d'A = \sum F_{ig} d_{ri} \; \text{die elementare Arbeit}$$

$\rightarrow$ Die Änderung der kinetischen Energie pro Zeiteinheit ist gleich der Leistung aller am System angreifenden Kräfte.

Satz von der kinetischen Energie: $T_2 - T_1 = A$

Die Zunahme der kinetischen Energie des Systems ist gleich der von allen Kräften des Systems geleistete Arbeit.

b) potentielle Energie:

Konservative Systeme besitzen eine eindeutige Funktion $V = V(x_1, y_1, z_1, \ldots, x_n, y_n, z_n)$ der potentiellen Energie des Systems, so dass die Komponenten X_i, Y_i, Z_i aller eingeprägten Kräfte sich als negative partielle Differentialquotienten von V nach den Koordinaten darstellen lassen: $X_i^{(e)} = -\partial V/\partial x_i$, $Y_i^{(e)} = -\partial V/\partial y_i$, $Z_i^{(e)} = -\partial V/\partial z_i$

$d'A^{(e)}$ (elementare Arbeit) $= \sum F_i^{(e)} dr_i = -\sum \partial V/\partial x_i \, dx_i + \partial V/\partial y_i \, dy_i + \partial V/\partial z_i \, dz_i = -dV$

$$A^{(e)} = \int_1^2 \sum F_i \, dr_i = -\int_1^2 dV = -(V_2 - V_1)$$

$\rightarrow$ T+V=E=konst. Energieerhaltungssatz: Die Summe der kinetischen und potentiellen Energie (d.h. die gesamte mechanische Energie E) eines konservativen freien Systems ist konstant.

c) Bewegungsintegral: z.B. für rechtwinklige Koordinaten:

$$0,5 \sum (\dot{x}_i^2 + \dot{y}_i^2 + \dot{z}_i^2) + V(x_1, y_1, z_1, \ldots, x_n, y_n, z_n) = const.$$

d) Zerlegung der potentiellen und kinetischen Energie:

Sind die inneren Kräfte Zentralkräfte (d.h. F_{ik} hat die gleiche Richtung wie die verbindende Gerade r_{vik} und hängt ihre Größe nur vom Abstand r_{ik} ab), dann besitzen die beiden Massenpunkte die potentielle Energie:

$$F_{ik} = f(r_{ik}) \frac{r_{vik}}{r_{ik}}, \text{ also } X_{ik} = f(r_{ik}) \frac{x_i - x_k}{r_{ik}}, Y_{ik} = f(r_{ik}) \frac{y_i - y_k}{r_{ik}}, Z_{ik} = f(r_{ik}) \frac{z_i - z_k}{r_{ik}}$$

$$mit \, r_{ik} = \sqrt{(x_i - x_k)^2 + (y_i - y_k)^2 + (z_i - z_k)^2}$$

$$\rightarrow V_{ik} = -\int f(r_{ik}) dr_{ik} = V_{ki}$$

innere potentielle Energie des Systems: $V^{(i)} = \sum^{j} \sum^{k} V_{jk}$

äußere Arbeit: $V_j(x_j, y_j, z_j)$, d.h. $X_j = -\partial V_j / \partial x_j$, $Y_j = -\partial V_j / \partial y_j$, $Z_j = -\partial V_j / \partial z_j$

äußere potentielle Energie des Systems: $V^{(a)} = \sum^{j} V_j$

$\rightarrow$ gesamte potentielle Energie : $V = V^{(a)} + V^{(i)} = \sum^{j} V_j + 0,5 \sum^{j} \sum^{k} V_{jk}$

kinetische Energie: statt durch r_i wird der Massenpunkt m_i mit $r_i' = r_i - r_0$ beschrieben.

$$\rightarrow T = \frac{1}{2} \sum m_i \dot{r}_i^2 = \frac{1}{2} \sum m_i (\dot{r}_0 + \dot{r}_i')^2 = \frac{1}{2} \sum m_i \dot{r}_0^2 + \frac{1}{2} \sum (m_i \dot{r}_i')^2 + \dot{r}_0 \sum m_i \dot{r}_i'$$

$$nach \, S(\frac{1}{m} \sum m_i r_i') \rightarrow r_0 \sum m_i \dot{r}_i' = 0$$

$\rightarrow$ Die gesamte kinetische Energie des Systems setzt sich aus der kinetischen Energie der fortschreitenden Bewegung des im Schwerpunkt vereinigt gedachten Systems und der Energie der Bewegung der Teile des Systems relativ zum Schwerpunkt zusammen:

$$T^{(a)} = \frac{1}{2} \sum m_i \dot{r}_0^2 \, und \, T^{(i)} = 0,5 \sum m_i \dot{r}_i'^2$$

$$dT^{(i)} + dT^{(a)} = d'A^{(i)} + d'A^{(a)}$$

$$innere \, Arbeit : d'A^{(i)} = -dV^{(i)} \rightarrow dE^{(i)} + dT^{(a)} = d'A^{(a)} (mit \, E^{(i)} = T^{(i)} + V^{(i)})$$

Die von den äußeren Kräften geleistete äußere Arbeit wird teils zur Änderung der gesamten inneren Energie $E^{(i)}$ des Systems, teils zur Änderung seiner äußeren kinetischen Energie verbraucht.

$$äußere \, Arbeit : d'A^{(a)} = -dV^{(a)} - dE^{(i)} + dE^{(a)} = 0 \leftrightarrow E^{(i)} + E^{(a)} = const.$$

$$(mit \, E^{(a)} = T^{(a)} + V^{(ia)})$$

Die Summe der inneren und äußeren mechanischen Energie des (konservativen) Systems ist konstant. Es gilt: $T+V = 0,5\,m(\dot{r}^2+r^2\,\dot{\varphi}^2) - GMm/r$ = konst.

2.3. Die Lösung des Zwei-Körper-Problems[2),5)]

Fragestellung: *Wie bewegen sich zwei Massenschwerpunkte in ihrem gegenseitigen Gravitationsfeld?*

Bewegungsgleichungen in Inertialsystem:

$$M\ddot{r}_1 = \frac{GMm(r_2-r_1)}{r^2 r'} \quad \text{und} \quad m\ddot{r}_2 = -\frac{GMm(r_2-r_1)}{r^2 r'}$$

Beweis der Zurückführung des Problem auf ein ebenes Problem:

Schwerpunktsatz: $\quad r_s = \dfrac{Mr_1 + mr_2}{M+m}$

Schwerpunkt bewegt sich gleichmäßig oder bleibt in Ruhe ($\ddot{s}=0$)

$\rightarrow r_1$ und r_2 beziehen sich auf S als Koordinatenursprung; es gilt: $Mr_1 + mr_2 = 0$

Drehimpulserhaltungssatz: $M(r_1 \times v_1) + m(r_2 \times v_2) = R_0$ = konst.

Wobei R_0 aus den Anfangslagen(r_{10}, r_{20}) und Anfangsgeschwindigkeit(v_{10}, v_{20}) bestimmt ist.

Aus skalarer Multiplikation von R_0 mit r_1 und mit r_2 folgt: $R_0{}^*r_1 = 0$, $R_0{}^*r_2 = 0$ (da beide Vektorprodukte $r_1 \times \dot{r}_1$ und $r_2 \times \dot{r}_2$ senkrecht zu r_1 und r_2 stehen)

D.h. beide Massenschwerpunkte bewegen sich dauernd in der zu R_0 senkrechten und durch den Schwerpunkt S gehenden Ebene.

Relative Bewegung der Körper zueinander:

$$M\ddot{r}_1 = \frac{GMm(r_2-r_1)}{r^2 r'}\,;\, m\ddot{r}_2 = -\frac{GMm(r_2-r_1)}{r^{2r}{}'} \qquad \text{durch M/m dividieren}$$

$$\ddot{r}_1 - \ddot{r}_2 = \frac{G(m+M)(r_2-r_1)}{r^2 * r'}\, oder\, \ddot{r}' = -\frac{G(M+m)(r_2-r_1)}{r^2 * r'}$$

$\rightarrow$ für die aufeinander bezogenen Bewegungen der beiden Körper bestehen die ersten beiden Keplerschen Gesetze unverändert, das dritte aber verändert sich zu

$$\frac{T^2}{a^3} = \frac{4\pi^2}{G(M+m)} = \frac{4\pi^2}{\left(GM(1+\frac{m}{M})\right)}$$

die rechte Seite ist hinsichtlich verschiedener Planeten auch verschieden, sodass für die Umlaufzeiten zweier Planeten gilt:

[5)] Manfred Schneider, Chunfang Cui: Theoreme über Bewegungsintegrale, München 2005

$$\frac{T_1^2}{T_2^2} = \frac{a_1^3/(1+\frac{m_1}{M})}{a_2^3/(1+\frac{m_2}{M})}$$

r_1 und r_2 auf S bezogen ergibt: $r_1 = -\,m/(M+m) * r'$, $r_2 = M/(M+m) *r'$; mit $r' = r_2 - r_1$

→ die auf den Schwerpunkt S bezogene Bewegung der beiden Körper ist ebenfalls eine Keplersche Bewegung. (Die „wahre" Ellipsenbewegung der Planeten um die Sonne ist da der Faktors $M/(M+m) \approx 1$ ist, nahezu so groß wie die mit der Konstanten $4\pi^2/GM$ „genäherten" Ellipse; sie ist lediglich um den Faktor $m/(M+m)$ kleiner als die „wahre" Ellipse.)

weiterhin gilt:

Das Zwei-Körper-Problem ist hinsichtlich der Bewegung der Körper um ihren Schwerpunkt einem Einkörperproblem äquivalent, bei dem sich im Abstand r' vom Schwerpunkt die „reduzierte Masse" $m_r = (m_1 m_2)/(m_1 + m_2)$ befindet.

3. Die Erweiterung auf das Drei-Körper-Problem

Als nächstes wird zu den bekannten lösbaren Zwei-Körper-Problem ein dritter Körper hinzugefügt; es entsteht das sogenannte Drei-Körper-Problem:

„Für ein gegebenes System von n sich untereinander anziehenden Teilchen, die den Newtonschen Bewegungsgesetzen folgen, soll unter der Annahme, dass es zu keinem Zweierstoß kommt, eine allgemeine Lösung gefunden werden in Form einer Potenzreihe in den Zeit und Raumkoordinaten, die für alle Werte der Zeit und Raum Koordinaten gleichförmig konvergiert. "[6]

Da das allgemeine Drei-Körper-Problem nicht streng mathematisch lösbar ist, werden einige Einschränkungen getroffen:

1. $m_3 \ll M_2 \ll M_1$; d. h. Die Anziehungskraft von m_3 auf M_1 und M_2 ist vernachlässigbar klein.
2. Die 3 Körper bewegen sich in einer Ebene.
3. Die Kepler-Bewegung der beiden schweren Körper wird vom leichten Körper nur geringfügig „gestört".

Trotz dieser Einschränkungen sind exakte Lösungen nur in Spezialfällen möglich. Ein Beipiel sind die folgenden Lagrange-Punkte.

---

[6] aus Wikipedia: http://de.wikipedia.org/wiki/Henri_Poincaré (17.12.2010)

3.1. Die Lagrange-Punkte[7); d); e)]

Joseph-Louis Lagrange (1736 – 1813, italienisch-französischer Mathematiker und Astronom) beschäftigte sich neben der Arbeit an seinem Formalismus der analytischen Mechanik unter anderen auch mit dem Drei-Körper-Problem der Himmelsmechanik. Er schaffte es zwar nicht eine geschlossene algebraische Lösung für das allgemeine Drei-Körper-Problem zu finden, konnte aber trotzdem für einige Spezialfälle beweisen, dass sie lösbar sind. Diese haben als Voraussetzung das eingeschränkte Drei-Körper-Problem. Bekannt geworden sind die ihm zu Ehren benannten Lagrange-Punkte.

Die Lagrange- oder Librationspunkte sind Gleichgewichtspunkte des dritten leichten Körpers im Gravitationsfeld der anderen beiden schweren Körper. D.h. die Bewegung der 3 Körper ist relativ zueinander gesehen gleich. Dieses schafft man, indem man die zwei schweren Körper umeinander nach dem 3. Keplerschen Gesetz drehen lassen und für den dritten Körper Punkte sucht, in denen die Zentripetalkraft des rotierenden Systems und die Anziehungskraft der beiden anderen Körper auf ihn gleich setzt.

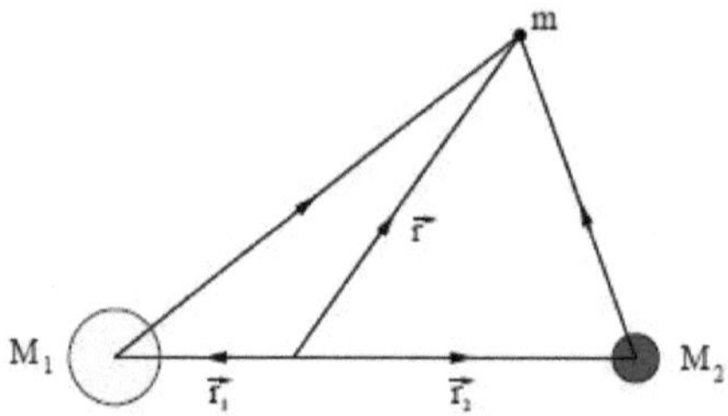

Es gilt allgemein: Zentripetalkraft F_Z + Gravitatiomskraft $F_G = 0 \leftrightarrow F_Z = - F_G$

$$m\omega^2 r = -\frac{GM_1 m}{|\vec{r} - \vec{r_1}|^3}(\vec{r} - \vec{r_1}) - \frac{GM_2 m}{|\vec{r} - \vec{r_2}|^3}(\vec{r} - \vec{r_2})$$

<u>a) 1. Fall:</u> M_1, M_2 und m liegen auf einer Geraden.[6); c)]

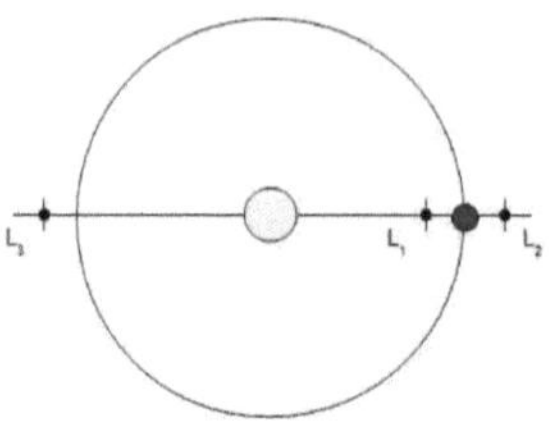

Da $m \ll M_1 \ll M_2$ gilt, fällt der Schwerpunkt S des Systems fast mit dem Mittelpunkt von M_1 zusammen. Von daher legen wir auch den Koordinatenursprung dorthin($r_1 = 0$). Weiterhin sollen für die Lagrange-Punkte gelten $\omega_m = \omega_{M2} =$

konstant; L_1, L_2 und L_3 bewegen sich mit der gleichen Winkelgeschwindigkeit wie M_2

$\rightarrow$ für M_2 gilt: $M_2\omega^2 r_2 = -GM_1M_2/r_2^2 \leftrightarrow \omega^2 = -GM_1/r_2^3$

eingesetzt in $F_Z = -F_G$ ergibt:

für L_1 und L_2:

$$-m\frac{GM_1}{r_2^3}r_m = -mG\left(\frac{M_1}{(r_m+r_1)^2}\mp\frac{M_2}{(r_m-r_2)^2}\right) \leftrightarrow \frac{M_1 r_m}{r_2^3} = \frac{M_1}{r_m^2}\mp\frac{M_2}{r_m^2-2r_m r_2+r_2^2}$$

$$\leftrightarrow M_1 r_m * r_m^2 *(r_m^2-2r_m r_2+r_2^2) = M_1 * r_2^3 *(r_m^2-2r_m r_2+r_2^2)\mp M_2 * r_2^3 * r_m^2$$

$$\leftrightarrow M_1 r_m^5-2M_1 r_m^4 r_2+M_1 r_m^3 r_2^2 = M_1 r_m^2 r_2^3-2M_1 r_m r_2^4+M_1 r_2^5\mp M_2 r_m^2 r_2^3$$

$$\leftrightarrow M_1 r_m^5-2M_1 r_m^4 r_2+M_1 r_m^3 r_2^2-r_m^2 r_2^3(M_1\mp M_2)+2M_1 r_m r_2^4-M_1 r_2^5=0$$

mit $M_1 = M_{Sonne} = 1{,}988435*10^{30}$ kg, $M_2 = M_{Erde} = 5{,}9721986*10^{24}$ kg = $0{,}0000059721986*10^{30}$ kg, $r_2 = r_{Erdbahn} = 1{,}4961877*10^{11}$ m (Term wird durch 10^{31} kg*m dividiert.):

$$1{,}988435\, r_m^5-3{,}98687*1{,}4961877\, r_m^4+1{,}988435*1{,}4961877^2\, r_m^3$$
$$-1{,}4961877^3 r_m^2(1{,}988435\mp 0{,}0000059721986)+3{,}98687*1{,}4961877^4\, r_m$$
$$-1{,}988435*1{,}4961877^5=0$$

Da $M_{Erde} \ll M_{Sonne}$ ist $M_1 \pm M_2 \approx M_1$. Mit einem Funktionsplotter[8] kann man den Graphen der Funktion darstellen und die Nullstellen ablesen:

$N_1(1{,}4/0)$; $N_2(1{,}5/0)$; $N_3(1{,}6/0)$; wobei N_2 die Erde selber darstellt.

Funktionsgraphen

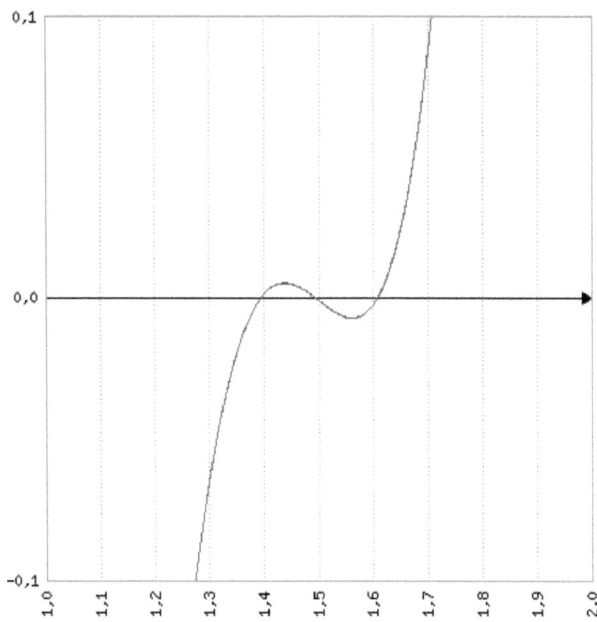

Wertetabelle

x	f (x)	g (x)
1,39	-0,00104	-0,00112
1,40	0,00158	0,00150
1,41	0,00349	0,00341
1,42	0,00476	0,00468
1,43	0,00543	0,00535
1,44	0,00559	0,00551
1,45	0,00529	0,00521
1,46	0,00461	0,00452
1,47	0,00361	0,00352
1,48	0,00237	0,00228
1,49	0,00096	0,00088
1,50	-0,00053	-0,00062
1,51	-0,00203	-0,00213
1,52	-0,00347	-0,00356
1,53	-0,00474	-0,00484
1,54	-0,00578	-0,00587
1,55	-0,00648	-0,00658
1,56	-0,00677	-0,00686
1,57	-0,00654	-0,00664
1,58	-0,00570	-0,00580
1,59	-0,00417	-0,00427
1,60	-0,00182	-0,00193
1,61	0,00143	0,00132

Ergebnis:

$r_{L1} \approx 1,4*10^{11}$ m; $r_{L2} \approx 1,6*10^{11}$ m

Für L_3 gilt:

$$-m\frac{GM_1}{r_2^3}r_m = -mG\left(\frac{M_1}{(r_m+r_1)^2}+\frac{M_2}{(r_m+r_2)^2}\right)$$

$$\leftrightarrow \frac{M_1 r_m}{r_2^3} = \frac{M_1}{r_m^2} + \frac{M_2}{r_m^2+2r_m r_2+r_2^2}$$

$$\leftrightarrow M_1 r_m * r_m^2 * (r_m^2+2r_m r_2+r_2^2) = M_1 * r_2^3 * (r_m^2+2r_m r_2$$

$$+M_2 * r_2^3 * r_m^2 \leftrightarrow M_1 r_m^5 + 2M_1 r_m^4 r_2 + M_1 r_m^3 r_2^2 = M_1 r_m^2$$

$$+2M_1 r_m r_2^4 + M_1 r_2^5 + M_2 r_m^2 r_2^3 \leftrightarrow M_1 r_m^5 + 2M_1 r_m^4 r_2$$

$$+M_1 r_m^3 r_2^2 - r_m^2 r_2^3 (M_1+M_2) - 2M_1 r_m r_2^4 - M_1 r_2^5 = 0$$

Es wird

wieder eingesetzt:

$$1,988435 r_m^5 + 3,98687 * 1,4961877 r_m^4 + 1,988435 * 1,4961877^2 r_m^3$$

$$-1,4961877^3 r_m^2 (1,988435 + 0,0000059721986)$$

$$-3,98687 * 1,4961877^4 r_m - 1,988435 * 1,4961877^5 = 0$$

Die Nullstellen dieser Funktion wird wieder mittels des

Funktionsplotter ermittelt:

$N_1(-1,6/0)$; $N_2(-1,4/0)$; $N_3(1,5/0)$

N_2 kann nicht existieren, da dann sowohl M_1 als auch M_2

m anziehen würden. N_3 ist die Erde selbst. Folglich ist $r_{L3} \approx$

1,6*10^{11} m, aber auf der anderen Seite von L_1 und L_2.

Funktionsgraphen

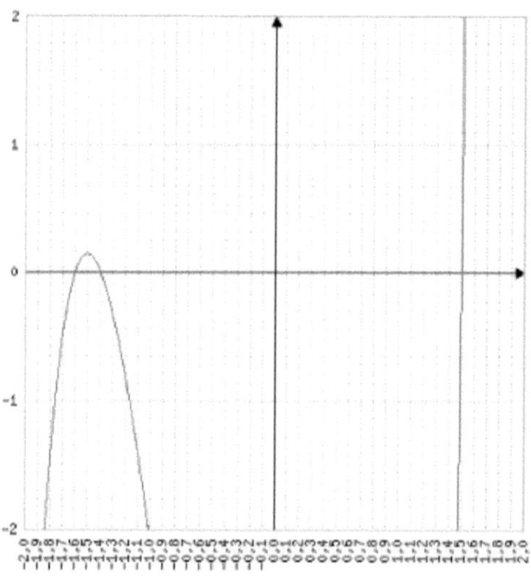

Wertetabelle

x	f (x)
-1,61	-0,01260
-1,60	0,01863
-1,59	0,04630
-1,58	0,07049
-1,57	0,09132
-1,56	0,10888
-1,55	0,12326
-1,54	0,13455
-1,53	0,14286
-1,52	0,14825
-1,51	0,15083
-1,50	0,15067
-1,49	0,14786
-1,48	0,14247
-1,47	0,13459
-1,46	0,12428
-1,45	0,11162
-1,44	0,09668
-1,43	0,07954
-1,42	0,06026
-1,41	0,03888
-1,40	0,01550
-1,39	-0.00984

<u>b) 2. Fall:</u> M_1, M_2 und m liegen nicht auf einer Geraden.[7); c)]

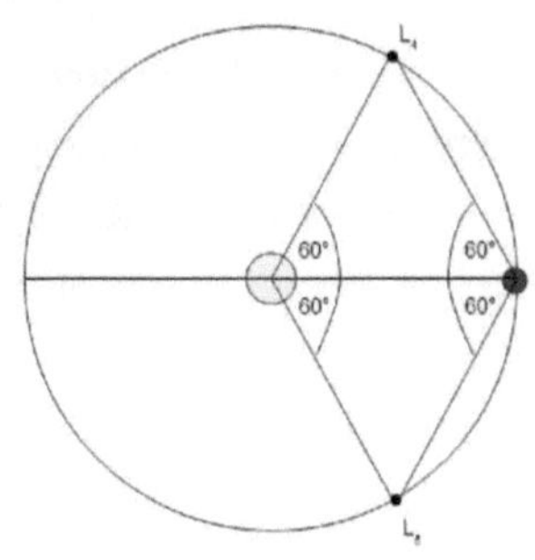

In diesen Fall gibt es 2 Bedingungen, die erfüllt werden müssen:

1. Es muss Kräftegleichgewicht herrschen:

$$F_Z = -F_G$$

2. Die Gravitationskraft durch M_1 ist der Zentripetalkraft gleichgerichtet; während die Gravitationskraft durch M_2 in eine Komponente, die in Richtung F_Z zeigt, und eine Komponente, die tangential zu F_Z ist, aufgeteilt werden muss.

Grund für die Position von L_4 und L_5:

Die tangentiale Kraftkomponente wirkt entgegen der Bewegungsrichtung (Kreisbahn), während die F_Z-gerichtete Kraftkomponente dies wieder ausgleicht. Unter der Voraussetzung, dass die die tangentiale Komponente gegen 0 geht, folgt, dass m gleich weit von M_1 und von M_2 sein muss. Dies kann nur in einen gleichseitigen Dreieck der Fall sein. Zusätzlich muss gelten, dass $F_Z/m = F_G/m \leftrightarrow \omega^2 r = GM_1/r^2 = $ konst.; d.h. die beiden leichteren Körper M_2 und m müssen sich mit der gleichen konstanten Winkelgeschwindigkeit auf einer Kreisbahn mit dem gleichen Radius r um M_1 bewegen.

$$L_4(\frac{r_{Erde}}{2};\frac{r_{Erde}}{2}\sqrt{3}) \approx L_4(0,75*10^{11}\,m;1,35*10^{11}\,m)$$

$$L_5(\frac{r_{Erde}}{2};-\frac{r_{Erde}}{2}\sqrt{3}) \approx L_5(0,75*10^{11}\,m;-1,35*10^{11}\,m)$$

<u>c) Zusammenfassung:</u>[7); f)]

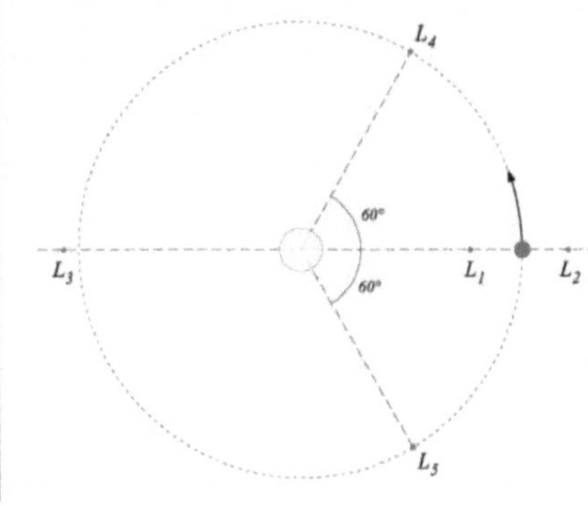

Die Librationspunkte L_1 bis L_3 liegen auf der Verbindungslinie Sonne-Erde und L_4 und L_5 liegen in der dritten Ecke eines gleichseitigen Dreiecks Sonne-Erde-Körper. Weitere Untersuchungen haben ergeben, dass L_1 bis L_3 relativ zu L_4 und L_5 instabiler sind. Das liegt daran, dass um L_4 und L_5 herum ein großes Gebiet gleichen Potentials ist; wohingegen L_1 bis L_3 leicht senkrecht zur Verbindungslinie Sonne-Erde abgelenkt werden können, da in diese Richtung keine haltende Kraft wirkt.

Beispiele für Lagrange-Punkte

1. L_1 bis L_3: diese Orte werden bevorzugt in der Weltraumfahrt zur Beobachtung des Weltraumes genutzt. Vor allem L_2, da dort im Schatten der Erde, sonnengeschützt beobachtet werden kann. Beispiele wären: der WMAP-Satellit (Wilkinson Microwave Anisotropy Probe), das Infrarot-Weltraumteleskop Herschel oder das für 2013 geplante James Webb Space Telescope.

2. L_4 und L_5: diese Orte werden bevorzugt von natürlichen Himmelskörpern eingenommen. Bekannt sind die Jupiter- und Marstrojaner (Asteroiden).

3.2. Satz von Poincaré[g]

Jules Henri Poincaré (1854 – 1912) war ein wichtiger französischer Mathematiker, Physiker und auch Philosoph. Er hat mit seinen Werken große Fortschritte in den den Gebieten der Astronomie, Geodäsie und Quantenphysik erzielt. In der Quantenphysik leistete er wichtige Vorarbeit für Einsteins Relativitätstheorie und entwickelte die Lorentz-Trnasformation fort. In der Astronomie leistete er mit dem Werk *Les méthodes nouvelles de la mécanique céleste* einen wichtigen Beitrag zur Fortschreitung der Lösung des Problems. Für Poincaré „hat das Problem der drei Körper eine derartige Wichtigkeit für die Astronomie, und ist aber auch zugleich so schwierig, dass die Bemühungen aller Geometer auf lange Sicht daraufhin dirigiert werden." „*Le problème des trois corps a une telle importance pour l'Astronomie, et il est en même temps si difficile, que tous les efforts des géomètres ont été depuis longtemps dirigés de ce côté.* "[1] Auf das Drei-Körper-Problem ist Poincaré während eines Preisausschreibens des schwedischen Königs Oskar II gestoßen. In *Les méthodes nouvelles de la mécanique céleste* versucht Poincaré eine Lösung für das Problem zu finden und entwickelt den sogenannten Satz von der Nicht-Existenz uniformeller Integrale (Satz von Poincare):

[7); e)] Neil Cornish: The Lagrange Points

[8)] MAFA Funktionsplotter: http://www.mathe-fa.de/de

[d)] aus Wikipedia:Joseph-Louis Lagrange:http://de.wikipedia.org/wiki/Joseph_Louis_Lagrange(3.12.2010)

[f)] ScienceBlogs.de: Trojaner am Himmel

[g)] aus Wikipedia: Henri Poincaré: http://de.wikipedia.org/wiki/Henri_Poincaré (17.12.2010)

„There cannot exist any new transcendental or algebraic single-valued integral of the problem of three bodies other than the well-known ones, whether we consider the particular cases of two, three, or the general case of four degrees of liberty... "[9]

„Es kann keine neue transzendentale oder algebraische Einzelwert Integral des Drei-Körper-Problems anders als die bekannten existieren. Egal ob man den Spezialfall von 2 oder 3 oder den allgemeinen Fall von 4 Freiheitsgrade des Systems annimmt."

Die Überlegung und der Beweis des Satzes sind sehr kompliziert, trotzdem sollen Poincarés Überlegungen grob wiedergegeben werden. Als Voraussetzung gilt wie üblich das problèm restreint.

Generell gelten in Poincarés Systems die Differentialgleichungen: $dx_i/dt = X_i$ diese Funktionen sind analytische Elementarfunktionen.

Da die die x-Koordinaten von der Zeit abhängig sind wird $x_i = \varphi_i(t)$ definiert.

Zusätzlich gibt es noch die y-Koordinaten in der Ebene, für diese gilt im kanonischen System: $dx_i/dt = dF/dy_i$ bzw. $dy_i/dt = - dF/dx_i$; wobei F eine Funktion ist, die x und y einander zuordnet.

Nun ermittelt man die gesamte Gravitationskraft des Systems mit $m_2m_3/a - m_3m_1/b + m_1m_2/c$, setzt man die x_i-Koordinaten für a, b und c ein erhält man nach ein paar Umstellungen:

$\beta\mu = m_1m_2 / m_1 + m_2$ und $\beta'\mu = (m_1 + m_2)m_3/ m_1 + m_2 + m_3$

β und β' entsprechen $1/dF$ und sind wesentlich größer als die Konstante μ.

Dann ist es möglich F in eine Reihe aufzuspalten: $F = \mu^0F_0 + \mu^1F_1 + \mu^2F_2 + ... = \sum \mu^nF_n$

Somit hat dieses System n Freiheitsgrade. Da wir in dem kanonischen System rechnen ergibt sich insgesamt 9 Freiheitsgrade (für jede der 3 Koordinatenachsen des Systems je 3 Freiheitsgrade). Mit den 3 Bewegungsgleichungen aus dem Drehimpulserhaltungssatz lässt sich der Freiheitsgrad um 3, mit einer Kombination aus den 3 Bewegungsgleichungen des Impulserhaltungssatz lässt sich der Freiheitsgrad nochmals um 3 (Bewegung in einer Ebene) erniedrigen.

Es sei Φ eine Funktion, die x, y und μ miteinander verknüpft. Für den Fall, dass Φ analytisch-elementar ist, lässt es sich wie F aufspalten: $\Phi = \sum \mu^n\Phi n$

Wenn Φ nicht abhängig von F sein soll, muss gelten F X Φ = 0 (Kreuzprodukt). In dieser Annahme setzen wir eine neue Funktion ψ ein, für die gilt: $\Phi = \psi(F)$

Es folgt:[h]

$$\Phi_0 \begin{pmatrix} x_1, x_2, \ldots, x_n \\ y_1, y_2, \ldots, y_n \end{pmatrix} = \psi \begin{pmatrix} F_0, x_2, \ldots, x_n \\ y_1, y_2, \ldots, y_n \end{pmatrix}$$

---

[9] Ernest Brown: Poincaré's Mécanique Céleste, New York 1892

Es gilt, dass Φ solange ein neues unabhängiges Integral von F ist, solange $\mu \neq 0$ ist. Denn wenn $\mu = 0$ ist, dann fällt der Gültigkeitsbereich von F weg. Somit kann das unabhängige $\psi(F)$ nicht mehr gleich Φ sein. *„Nous avons donc toujours le droit de supposer que Φ_0 n'est pas fonction de F_0.* "[1] „Wir haben somit immer das Recht anzunehmen, dass Φ_0 keine Funktion von F_0 ist."

3.3 Das Euler-Verfahren[10); 11); i)]

Leonhard Euler (1707 – 1783) war einer der bekanntesten und bedeutendsten Mathematiker. Er hatte sich auf den verschiedensten mathematischen Bereichen betätigt: u.a. Differential- und Integralrechnung, Algebra, Anwendungsmathematik und Graphentheorie. Er gilt als der eigentliche Begründer der Analysis mit dem Werk *„Introductio in analysin infinitorum"* 1748. Neben der Mathematik hat sich Euler auch mit wichtigen Fragen der Physik beschäftigt: z.B. Mechanik, Optik und Musiktheorie. Sehr berühmt ist auch das Königsberger Brückenproblem von ihm. Für das Drei-Körper-Problem entwickelte er ein Näherungsverfahren zur Berechnung der Bahnbewegungen. Es ist ein Verfahren zur numerischen Lösung eines Anfangswertproblems (gewöhnliche Differentialgleichungen). Heute ist es als Euler-Verfahren bekannt und wurde auch an die Leistungsrechner modernisiert.

Allgemein gilt: *„Jedes Anfangswertproblem lässt sich in eine Integralgleichung umwandeln."*[10)]

Dies lautet: $y(t_{Ende}) = C + \int_{t_{Anfang}}^{t_{Ende}} f(t, y)\,dt$, wobei f(t,y) integrierbar sein muss und C durch die Anfangsbestimmungen so festgelegt wird, dass yAnfang = f(tAnfang) ist.

$y'(t) \approx \dfrac{y(t + h) - y(t)}{h}$ ist eine gute Näherung für die Ableitung y' ist, wenn h hinreichend klein gewählt wird. $\quad h = \dfrac{t_{Ende} - t_0}{n} \quad$ n = 1,2,...

$$y(t + h) \approx y(t) + hy'(t)$$

Für die Stammfunktion gilt entsprechend: $\qquad = y(t) + hf(t, y(t))$

Im Prinzip entsprechen diese zwei Näherungen der einfachsten Formulierung des expliziten Euler-Verfahrens.

Das implizite Euler Verfahren lautet: $y(t+h) \approx y(t) + hy'(t+h) = y(t) + hf(t+h,y(t+h))$ und ist durch die Addition von h zu t genauer als das explizite Euler-Verfahren, da die Annäherung an die wahre Ableitung schneller vonstatten geht.

Ein Vergleich zeigt: Modellierung des Drei-Körper-Problems[12); j)]

n = 5000   n = 10000

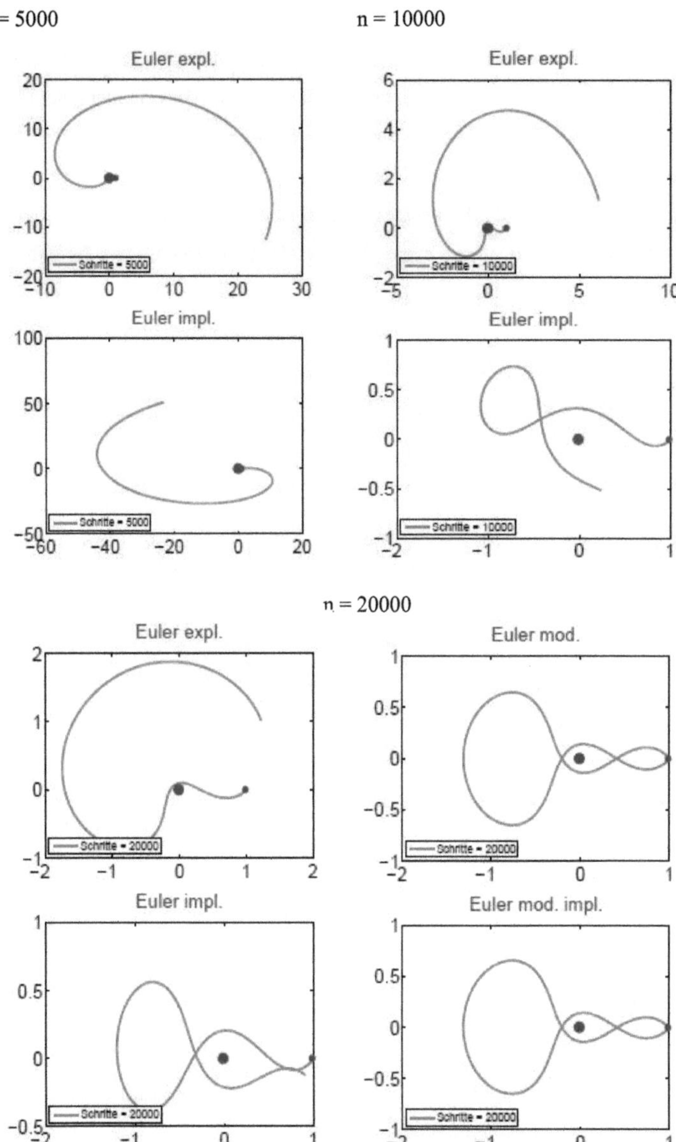

Man sieht an diesen Schaubilder, dass die Genauigkeit des Euler-Verfahrens deutlich verbessert wurde, obwohl das Grundprinzip gleich geblieben ist. Modernisierte Entwicklungen des Euler-Verfahrens sind das Runge-Kutta-Verfahren oder Mehrschrittverfahren.

3.4 Anwendung in der Astronomie (Störungsrechnung)

Das Inertialsystem der Astronomie hat als Koordinatenursprung den Erdmittelpunkt. Die Bezugsebene ist die Ekliptikebene. D. h. Für die Umwandlung der oben errechnete „einfachen" Bahnen in die astronomisch richtige müssen die Bahnelemente richtiggestellt und berücksichtigt werden.

Die Inklination i der Bahn eines Körpers ist der Winkel zwischen der Ekliptikebene und der Bahnebene. Da beim eingeschränkten Drei-Körper-Problem die Bahnebene fest ist, ist auch die Inklination fest.

In der astronomischen Störungsrechnung geht man beim eingeschränkten Drei-Körper-Problem von zwei schweren Massen aus, die sich nach den Keplerschen Gesetze bewegen, und einem leichten Körper, der diese Bewegung nur „stört".

Dann gilt es zunächst nur die Bahn der beiden schweren Körper zu berechnen und anschließend die Differenz der Beschleunigungen durch den dritten Körper mit einzukalkulieren. In der Praxis ist die Störfunktion oft eine konvergierende Reihe, die es herauzufinden gilt. Man formt außerdem so um, dass man nicht die dreidimensionale Koordinaten der Körper ausrechnet, sondern die Bahnelemente.

Die Parameterform einer Ellipse lautet:

$$x = a\cos(\omega t),\ y = b\sin(\omega t) = \sqrt{a^2 - e^2}\sin(\omega t)$$

a und e bestimmen die Größe der Ellipse. Der Periheldurchgang $T = 2\pi/\omega = 4\pi2*a^\wedge3/GM \leftrightarrow \omega = GM/2\pi*a^\wedge3$; ω: Winkelgeschwindigkeit

Länge des Knotens Ω, Länge des Perihels ω und die Inklination i bestimmen die Lage der Ellipsenbahn, werden also kaum gestört.

Die kleine Anziehungskraft von m_3 wirkt sich fast nur auf die große Halbachse a aus.

---

[10] Thomas Wassong: Das Eulerverfahren zum numerischen Lösen von DGLen, Kassel 2008

[11] Louis, Wallacher, Thels: Euler-Verfahren, Saarbrücken 2007/08

[12); j) Barbara Wohlmuth: Restringiertes Dreikörperproblem 2008/09

[h] aus Wikipedia: Leonhard Euler: http://de.wikipedia.org/wiki/Leonhard_Euler (10.12.2010)

[j] Henri Poincaré: Les méthodes nouvelles de la mécanique céleste, Paris 1892/93

4. Schluss

Der Drei-Körper-Problem ist und bleibt eines der ältesten und bekanntesten astrophysikalisches Problem. Obwohl die Frage nach der Bewegung dreier Körper im Einfluss ihrer gegenseitigen Gravitation auf dem ersten Blick relativ einfach aussieht, so täuscht man sich doch gewaltig. Weder Newton, Lagrange, Poincaré noch Euler konnten das Drei-Körper-Problem vollständig lösen. Und sie waren nicht die einzigen Wissenschaftler, die den Reiz als erster eine analytisch-mathematisch einwandfreie Lösung für ein jahrhundertaltes Problem zu entdecken.

Dabei ist ganz besonders die Leistung H. Poincaré zu würdigen, der als erster bewiesen hat, dass es keine exakte Lösung gibt. Trotzdem arbeiteten nach wie vor ihm weiterhin Mathemiker und Physiker daran, eine bestmögliche Näherung zu erreichen. Mit den modernen Hochleistungsrechner, die uns heutzutage zur Verfügung stehen und der Vorarbeit durch L. Euler, war es uns möglich die besten Algorithmen zur näherungsweisen Berechnung der Bahnkurven zu erstellen. Auch an die Wissenschaftler wie J.-L. Lagrange, die für Spezialfälle des Drei-Körper-Problem Lösungen gefunden haben, geht ein großer Dank, da sie uns heute ermöglichen den Weltraum besser zu sehen und zu erforschen. Wir können heute mit fast beliebiger Genauigkeit voraussagen, wie sich 3, 4, sogar n Körper nur durch die Newtonsche Gravitation bewegen. Schon die alten Griechen wussten, dass man den Kosmos nicht vollständig verstehen kann, aber man kann ihn sehr genau beschreiben.

5. Anhang/Quellen

5.1. Literaturverzeichnis

1) Henri Poincaré: Les méthodes nouvelles de la mécanique céleste, Paris 1892/93

   http://ia700202.us.archive.org/21/items/lesmthodesnouv01poin/lesmthodesnouv01po
   in.pdf

   http://ia700300.us.archive.org/33/items/lesmthodesnouv02poin/lesmthodesnouv02po
   in.pdf

2) Andreas Wipf: Theoretische Mechanik Vorlesungsskript, Jena 2002/03

   http://www.physikjena.de/login/skripte/skripte/skript_theoretischemechanik_ws0203
   profdrandreaswipf.pdf

3) Hildegard Hammer, Karl Hammer: Physikalische Formeln und Tabellen, München
   2007

4) Wilhelm Kley: Computational Astrophysics, Tübingen 2009

   http://www.tat.physik.uni-tuebingen.de/~kley/lehre/compas/script/kap1-1.pdf

5) Manfred Schneider, Chunfang Cui: Theoreme über Bewegungsintegrale, München

   2005

   http://129.187.165.2/typo3_dgk/docs/a-121.pdf

6) aus Wikipedia: http://de.wikipedia.org/wiki/Henri_Poincaré (17.12.2010)

7) Neil Cornish: The Lagrange Points

   http://wmap.gsfc.nasa.gov/media/ContentMedia/lagrange.pdf

8) MAFA Funktionsplotter: http://www.mathe-fa.de/de

9) Ernest Brown: Poincaré's Mécanique Céleste, New York 1892

   http://projecteuclid.org/DPubS/Repository/1.0/Disseminateview=body&id=pdf_1&h
   andle=euclid.bams/1183407387

10) Thomas Wassong: Das Eulerverfahren zum numerischen Lösen von DGLen, Kassel
    2008

    http://www.mathematik.uni-kassel.de/~seiler/Courses/AGCA-08/Euler.pdf

11) Louis, Wallacher, Thels: Euler-Verfahren, Saarbrücken 2007/08

    http://www.num.uni.sb.de/iam/studium/vorlesungen/ws200708/prama/praktische_a
    ufgaben/euler-verfahren.pdf

12) Barbara Wohlmuth: Restringiertes Dreikörperproblem 2008/09

    http://www.ians.uni.stuttgart.de/nmh/teaching/hoeherenum0809/folien/folien_esv2_
    2p.pdf

5.2. Abbildungsverzeichnis

a) Seite 1: Lagrangepunkte

http://www.lutz-peter.hoogi.de/physik/lagrange/lagrange.html (3.12.2010)

b) Seite 6: Bahnelemente; Wilhelm Kley: Computational Astrophysics, Tübingen 2009

http://www.tat.physik.uni-tuebingen.de/~kley/lehre/compas/script/kap1-1.pdf

c) Seiten 7, 14, 17: eigene Zeichnungen mit OpenOffice Draw

d) Seite 14: Joseph-Louis Lagrange

aus Wikipedia: http://de.wikipedia.org/wiki/Joseph_Louis_Lagrange (3.12.2010)

e) Seite 14: Neil Cornish: The Lagrange Points

http://wmap.gsfc.nasa.gov/media/ContentMedia/lagrange.pdf

f) Seite 17: ScienceBlogs.de: Trojaner am Himmel

http://www.scienceblogs.de/astrodicticum-simplex/2008/09/trojaner-am-himmel.php
(3.12.2010)

g) Seite 18: Henri Poincaré

aus Wikipedia: http://de.wikipedia.org/wiki/Henri_Poincaré (17.12.2010)

h) Seite 19: Henri Poincaré: Les méthodes nouvelles de la mécanique céleste, Paris
1892/93

http://ia700202.us.archive.org/21/items/lesmthodesnouv01poin/lesmthodesnouv01po
in.pdf

http://ia700300.us.archive.org/33/items/lesmthodesnouv02poin/lesmthodesnouv02po
in.pdf

i) Seite 20: Leonhard Euler

aus Wikipedia: http://de.wikipedia.org/wiki/Leonhard_Euler (10.12.2010)

j) Seite 21: Modellierung des Drei-Körper-Problems; Barbara Wohlmuth: Restringiertes
Dreikörperproblem 2008/09

http://www.ians.uni.stuttgart.de/nmh/teaching/hoeherenum0809/folien/folien_esv2_
2p.pdf